目　次

前　言

本规范按照 GB/T 1.1—2009《标准化工作导则　第1部分：标准的结构和编写》给出的规则起草。

本规范由中国地质灾害防治工程行业协会提出并归口。

本规范起草单位：湖北省地质灾害防治中心、三峡大学（湖北长江三峡滑坡国家野外科学观测研究站）；本规范参编单位：甘肃省地质环境监测院、北京市勘察设计研究院有限公司、湖北省国土测绘院、黑龙江省九〇四水文地质勘察院、中国电建西北勘测设计研究院有限公司。

本规范主要起草人：易武、陈海洋、陈昌彦、张川、刘艺梁、伦国星、邵泽兴、黄海峰、张国栋、陈江平、姜智超、赵志祥、江鸿彬、唐兴江、刘潇敏、王有林、王卫国、卢书强。

本规范由中国地质灾害防治工程行业协会负责解释。

引　言

为规范地质灾害治理工程施工安全监测技术和方法，提高安全监测和管理水平，统一技术标准，特制定本规范。

本规范对地质灾害治理工程施工安全监测的设计、施工和监测进行了规定，并对安全监测工程施工及竣工验收提出了要求。

地质灾害治理工程施工安全监测规范(试行)

1 范围

本规范规定了避免因地质灾害治理工程施工引发、加剧或遭受地质灾害体可能产生危害而进行的安全监测设计、施工、安全监测实施的技术要求、方法等内容。主要包括:安全监测内容、安全监测方法、监测网布设、监测频率;监测仪器设备的安装埋设及其质量检查和验收;施工期监测;监测资料整理、分析与预报。

本规范适用于滑坡、崩塌和泥石流等三种地质灾害治理工程施工安全监测。其他地质灾害治理工程施工安全监测可参照执行。

滑坡、崩塌和泥石流地质灾害治理工程设计和施工中均应遵循执行本规范。

2 规范性引用文件

下列文件对于本规范的应用是必不可少的。凡是注日期的引用文件,仅所注日期的版本适用于本规范。凡是不注日期的引用文件,其最新版本(包括所有的修改单)适用于本规范。

GB 50026—2016 工程测量规范

GB/T 12897—2006 国家一、二等水准测量规范

GB/T 12898—2009 国家三、四等水准测量规范

GB/T 17942—2000 国家三角测量规范

GB/T 18314—2009 全球定位系统(GPS)测量规范

DZ/T 0133—1994 地下水动态监测规程

DZ/T 0219—2006 滑坡防治工程设计与施工技术规范

DZ/T 0221—2006 崩塌、滑坡、泥石流监测规范

3 术语和定义

下列术语和定义适用于本规范。

3.1

监测设计 monitoring design

监测设计是工程设计的一个重要组成部分,主要依据地质灾害类型、地质灾害防治等级、地质环境条件、防治措施以及变形控制要求等明确监测内容,提出监测方法,布设监测网,确定监测精度及频率等。

3.2

治理工程安全监测 control engineering safety monitoring

为避免因治理工程施工引发、加剧或遭受地质灾害体可能产生危害,确保治理工程施工期间的安全而开展的监测工作。

3.3

安全监测工程监测期 safety monitoring engineering monitoring period

地质灾害治理工程施工开工至竣工验收之间的时间长度。

3.4

监测频率 monitoring frequency

在一定的时间内完成一个周期监测的次数。

3.5

监测精度 monitoring precision

监测设备测量的结果相对于被测量真值的偏离程度。

3.6

宏观地质巡查 macro geological patrol investigation

用常规地质调查方法对地质灾害的宏观变形迹象和与其有关的各种异常现象进行定期的观测、记录。

3.7

变形监测 deformation monitoring

对地表和地下一定深度范围内的岩土体及其上建筑物、构筑物的位移、沉降、隆起、倾斜、挠度、裂缝等微观、宏观现象，在一定时期内进行周期性的或实时的测量工作。

3.8

水文监测 hydrologic monitoring

对影响地质灾害岩土体的地表水、地下水动态要素（水位、水量、水质和水温）等物理化学性质定时测量、记录和存储整理的过程。

3.9

监测网 monitoring network

监测网是由各类监测点构成的监测体系。

4 总则

4.1 治理工程施工安全监测目的

a） 掌握地质灾害体在治理工程施工期的动态变化规律，并对地质灾害危险性进行预警。

b） 对地质灾害体在治理工程施工期影响、危及工程施工安全的地质现象和构筑物进行监测并进行预警，确保施工人员与财产安全。

c） 反馈信息，指导治理工程设计及施工。

4.2 治理工程施工安全监测设计

施工安全监测设计，应在地质灾害治理工程设计报告中单独章节编写。监测设计可依据施工过程中地质灾害体的变形动态不断完善。

施工安全监测设计主要依据地质灾害治理工程的等级确定监测内容、监测精度、监测方法和监测网等，贯穿于地质灾害治理工程施工的全过程。

4.3 监测仪器设备及其安装

监测所使用的仪器设备应检验合格；仪器设备的检定、检验与维护，应符合国家现行有关标准的规定。

仪器安装应遵循以下基本原则：满足设计要求、空间位置准确、原始数据（参数）完整、测值合理、基础资料齐全、施工措施得当，保证仪器安装的质量和完好率，确保安全（包括安装安全、运营安全和数据获取及传输安全等）。

4.4 预警预报

应结合地质灾害地质特征、影响因素及施工期间的监测数据，在综合分析的基础上合理选择预测预报参数，建立适宜、有效的预测预报模型。

5 基本规定

5.1 监测前准备

实施治理工程施工安全监测前，应完成下列工作：

a） 收集地质灾害勘查资料，掌握地质灾害体的基本特征、成灾机理、影响因素等，结合地质灾害防治工程等级（参见附录 A）、治理工程措施及施工环境进行施工安全监测设计，设计书应按本规范附录 B 编制。

b） 在地质灾害治理工程正式动工前，应完成设计要求的监测系统建设施工，并通过竣工验收。

5.2 监测方案的确定

在确定监测方案时，应考虑下列因素：

a） 地质灾害类型、地形地貌、地质灾害防治工程等级、治理工程类型和施工方法、监测仪器（设备）精度、监测期等。

b） 方案的确定应同时兼顾治理工程结束后的治理效果监测。监测内容一般应纳入治理工程竣工后的效果监测。

5.3 监测方法的选择

应尽可能采用多种方法和新技术、新方法进行监测，形成合理的监测方法的组合；多种方法监测所取得的数据、资料，应互相联系、互相校核、互相验证，并综合分析，取得可靠的结论。监测技术方法宜参考本规范附录 C、附录 D 选取。

防治工程等级为一级和应急处置时宜优先选择自动化实时监测。

5.4 监测内容

地质灾害治理工程安全监测，包括治理工程施工期地质灾害监测和治理工程施工引发、加剧、遭受地质灾害的监测。

地质灾害治理工程安全监测项目和内容主要包括（但不限于）：

a） 宏观地质巡查。包括宏观变形迹象、地表水和地下水异常等。宏观地质巡查应按规定做好现场记录，必要时应附有略图、素描或照片。监测内容宜参考附录 E。

b） 变形监测。包括地表位移监测和深部位移监测及建筑物变形监测。

c） 应力应变监测。包括崩塌、滑坡推力、支挡工程土压力、锚固工程锚固力、防治工程结构的应变等监测。

d) 水文气象监测。包括降雨(雪)量监测、地表水监测和地下水监测。地表水监测包括水位、流量,地下水监测包括地下水位、孔隙水压力、泉水流量等。

e) 其他监测。包括振动作用监测、声发射监测、温度,治理工程施工方法、施工部位、施工进度、施工扰动和影响施工的不良地质现象监测等。

5.5 监测网布设

a) 监测网应根据灾害体的地质环境条件、灾害特征、治理工程、通视条件和施测要求布设。监测治理工程施工中灾害体的动态变化,满足预测预报的要求。

b) 监测网是由监测线或监测剖面、监测点构成的监测体系。监测网形状可分为十字形、方格形、放射形或者根据防治工程需要进行布设等。

c) 变形监测网由基准点、工作基点和监测点组成。基准点和工作基点需要定期联测。

5.6 监测资料的分析

结合地质灾害体的特征、宏观变形情况和治理工程的布置,汇集、审核、整理、编排不同类别的监测资料,采用作图分析、统计分析、对比分析和建模分析等方法对地质灾害体变形特征和危害施工安全的地质现象作综合预测和分析。

地质灾害治理工程施工安全监测期满后,根据防治工程要求,施工安全监测系统可转入治理效果长期监测。

6 地质灾害治理工程施工安全监测设计

6.1 一般规定

a) 监测内容根据地质灾害治理工程等级、措施和施工方法以及灾害体的变形机制、变形特征等确定。

b) 监测方法和监测精度应根据地质灾害监测内容、变形特征、场地条件等综合确定。

c) 监测网应根据灾害体的地质环境条件、灾害特征、治理工程、通视条件和施测要求布设。

d) 监测方案应根据现场动态情况设立预警等级,且根据施工监测数据(变化),不断完善。

6.2 监测内容

6.2.1 滑坡、崩塌监测内容包括变形监测、应力应变监测、水文气象监测、其他监测和宏观地质巡查。

a) 变形监测包括地表位移监测、深部位移监测以及与变形有关的其他物理量监测。

b) 应力应变监测包括岩(土)体应力、滑坡推力监测、防治工程结构的应变等。

c) 水文气象监测包括地表水动态监测、地下水动态监测、降雨监测。

d) 宏观地质巡查包括宏观形变、宏观地声异常、地表水和地下水宏观异常、动物异常等内容巡查。

e) 其他监测包括振动及其他人类活动监测。

f) 滑坡、崩塌监测内容宜根据防治工程等级按表 1～表 4 确定。当地质环境条件复杂时,可提高监测等级,增加监测内容。

表 1 滑坡治理工程安全监测内容

监测内容		防治工程等级		
		一级	二级	三级
变形监测	地表绝对位移	●	●	○
	裂缝相对位移	●	●	●
	深部位移	●	○	○
	地面倾斜	○	○	○
	施工基坑、巷道	●	●	
	建(构)筑物变形	●	●	○
应力应变监测	岩(土)体应力	○(若有)	○	
	防治工程受力及应变	○(若有)	○(若有)	
水文气象监测	降雨(雪)量	●	○	
	地表水动态	○	○	
	地下水动态	○	○	
其他监测	振动作用	○	○	
宏观地质巡查		●	●	●
注:●表示宜选;○表示可选。				

表 2 倾倒式崩塌治理工程安全监测内容

监测内容		防治工程等级		
		一级	二级	三级
变形监测	地表绝对位移	●	●	○
	裂缝相对位移	●	●	●
	地面倾斜	●	○	○
	建(构)筑物变形	●	●	○
应力应变监测	岩(土)体应力	●	○	
	防治工程受力及应变	○(若有)	○(若有)	
水文气象监测	降雨(雪)量	○	○	
	地下水动态	○	○	
其他监测	振动作用	○	○	
	声发射监测	○	○	
	温度	●	○	○
宏观地质巡查		●	●	●
注:●表示宜选;○表示可选。				

表3　滑移式、鼓胀式崩塌治理工程安全监测内容

监测内容		防治工程等级		
		一级	二级	三级
变形监测	地表绝对位移	●	●	○
	深部位移	●	○	○
	裂缝相对位移	●	●	●
	建(构)筑物变形	●	●	○
应力应变监测	岩(土)体应力	○		
	防治工程受力及应变	○(若有)	○(若有)	
水文气象监测	降雨(雪)量	●	○	
	地下水动态	●	○	
其他监测	振动作用	○	○	
	声发射监测	○	○	
	温度	●	○	○
宏观地质巡查		●	●	●
注:●表示宜选;○表示可选。				

表4　拉裂式、错断式崩塌治理工程安全监测内容

监测内容		防治工程等级		
		一级	二级	三级
变形监测	地表位移	●	●	○
	裂缝相对位移	●	●	●
	地面倾斜	●	○	
	建(构)筑物变形	○	○	○
应力应变监测	防治工程受力及应变	○(若有)	○(若有)	
水文气象监测	降雨(雪)量	○	○	
	地下水动态	○		
其他监测	声发射监测	○	○	
	温度	●	○	○
宏观地质巡查		●	●	●
注:●表示宜选;○表示可选。				

6.2.2　泥石流监测内容包括形成条件监测、动态特征监测、动力要素监测。

a)　形成条件监测包括泥石流物源监测及气象、水文监测。

b)　动态特征监测包括流速监测、流态监测、深度/泥位监测。

c)　动力要素监测包括地声监测、次声监测、振动监测。

d)　监测内容依据下列因素确定:

1） 泥石流的赋存条件、地质特征和其他影响因素。

2） 泥石流活动的可能方式。

3） 泥石流发育阶段、活动频率。

4） 泥石流易发性评价和建立预报模型、预报判据的需要。

6.3 监测方法及精度要求

6.3.1 滑坡、崩塌应根据监测内容选择适宜的监测方法（参见附录 C），确定监测精度。

a） 地表位移监测。宜采用全球导航卫星系统（GNSS）、全站仪、水准仪等监测方法，也可用合成孔径雷达干涉测量（InSAR）等监测方法。水平位移精度应不低于 5 mm，垂直位移精度应不低于 10 mm。

b） 裂缝位移监测。一般采用位移计监测法，也可采用卡尺、钢尺等机械测量法或简易监测法。

1） 位移计监测法。在裂缝两侧设监测基桩，安装位移计，量测裂缝三维变形。量测精度不宜低于 0.5 mm。

2） 机械测量法。在裂缝两侧设标记或埋桩，用游标卡尺或数字卡尺量测其变形。量测精度不宜低于 0.5 mm。

3） 简易监测法。在裂缝两侧设标记或埋桩，用钢尺等直接量测其变形。量测精度不宜低于 1 mm。

c） 深部位移监测。宜采用钻孔倾斜仪法监测。量测精度不宜低于 0.25 mm。

d） 应力监测。滑坡推力宜采用钻孔光纤推力计，土压力宜采用压力传感器。

e） 应变监测。采用仪表电测（应变计）和光纤光栅应变计测量地质灾害防治工程结构的应变随时间变化趋势等。

f） 影响因素监测。包括降雨（雪）量监测、地下水动态监测、地表水动态监测等。

1） 降雨（雪）量监测。采用雨量计监测降雨（雪）量、降雨强度等。量测精度不宜低于 0.2 mm。

2） 地下水动态监测。采用水位计、孔隙水压力计、渗压计、土壤含水量测定仪等设备，监测滑坡内及周边泉、井、钻孔、平洞、竖井等地下水水位、水量、孔隙水压力、含水量（率）等动态变化。孔隙水压力计量程应满足被测压力范围的要求，精度不宜低于 0.5 %F·S。地下水水位测量精度不宜低于 10 mm。

3） 地表水动态监测。采用水位计、流速仪、流量计等设备，监测与滑坡有关的江、河、水库、沟、渠等地表水体的水位、流速、流量等动态变化。

g） 宏观地质巡查监测。对滑坡、崩塌变形过程前兆特征（地声、泉水变浑、泉水干涸、裂缝扩张等）采取简易监测与宏观地面变形观察相结合的方法。

6.3.2 泥石流应在监测内容的基础上，根据其重要性和危害性、监测环境等选择适宜的监测技术（参见附录 D），确定监测精度。

a） 小型泥石流沟或爆发频率低的泥石流沟，宜采用水文观测方法进行监测。较大的或爆发频率较高的泥石流沟，宜利用专门仪器进行监测。泥石流动态特征监测应与动力要素监测结合进行。

b） 泥石流物源监测。固体物质来源于滑坡、崩塌的，其监测内容按滑坡、崩塌监测的规定执行。固体物质来源于松散体岩土层和人工弃石、弃渣等堆积物的，在不同地质条件地段设立标准片蚀监测点。

c） 气象监测。宜采用各种类型雨量计进行雨量、雨强监测，量测精度不宜低于 0.2 mm。

d) 水文监测。宜以自动监测为主，主要监测上游的水位、流速、流量、含沙量的变化，上游的冰雪消融量和消融历时，上游的高山湖、水库、渠道等的渗漏。

e) 流速监测。可采用多普勒流速仪、雷达测速仪和摄影/摄像等监测方法。多普勒流速仪量测精度为 2 cm/s，雷达测速仪量测精度为 3 cm/s。

f) 流态监测、深度/泥位监测。可采用多条感应细线测量(泥位高度检知线)、红外线感应设备、超声波感应器、雷达传感器、激光传感器、接触型泥石流警报传感器、录音、摄像等监测方法。精度要求为 0.1 m。

g) 地声监测及振动监测。可采用地震传感器、检波器、地声传感器监测方法。精度要求为 10 Hz。

6.4 监测网布设

6.4.1 滑坡、崩塌监测网布设

a) 地表位移监测应在滑坡、崩塌灾害体外稳定地区设置基准点。工作基点一般布设在施工区域附近，便于监测的位置。

b) 监测线分为纵向和横向监测线，布设应遵循以下原则：

1) 应穿过滑坡、崩塌不同变形地段或块体，并兼顾滑坡、崩塌整体与局部特征以及治理工程施工引发和遭受灾害范围。

2) 纵向监测线沿滑坡、崩塌变形方向布设，如果存在两个或两个以上变形方向，则纵向监测线可呈扇形或放射状进行布设；横向监测线一般垂直纵向监测线布设。

3) 监测线应充分利用勘探剖面和稳定性计算剖面布设监测点。

c) 监测点的布设应遵循以下原则：

1) 监测点位置的选择应根据地形地貌、施测要求、变形块体特征、治理工程特点等进行综合确定，一般应在测线上或测线两侧 5 m 范围内布设。

2) 对于滑坡，宜在滑坡关键块体、阻滑段、边界裂缝、剪出口、滑带等变形破坏关键位置布设监测点。

3) 对于崩塌，以绝对位移监测项目为主，在沿测线的裂缝、软弱带上布设相对位移监测点，并利用钻孔、平洞、竖井等勘探工程布设深部位移监测点。

4) 每条监测线监测点不宜少于 3 个，监测点的布置应充分利用已有的钻孔、探井或平硐。

5) 宜在同一位置布设地表位移、深部位移、地下水位等多类监测点。

6) 当施工过程中出现异常变形，宜增设相应监测点和监测项目。

6.4.2 泥石流监测网布设

a) 在泥石流形成区、流通区和堆积区，都应布设一定数量的监测点网。

b) 泥石流固体物质来源于滑坡、崩塌的，其变形破坏监测点网的布设按滑坡、崩塌监测点网的布设规定执行。固体物质来源于松散物质的，其稳定性监测点网的布设，应在侵蚀程度分区的基础上进行。测点密度按表 5 确定。

c) 降雨监测点布设原则。

1) 应布设在泥石流沟或流域内有代表性的地段或试验场，根据流域大小，在流域内的控制点网中设置 1～3 个自记式雨量观测点。

2) 泥石流沟或流域内滑坡、崩塌和松散物质储量最大的范围内及沟的上方。

3) 泥石流形成区及其暴雨带内。

表5 松散物质稳定性测点布设数量表

侵蚀程度	测点密度/个·km^{-2}
严重侵蚀区	20～30
中等侵蚀区	15～20
轻微侵蚀区	可少布或不布测点
注：测点重点布设在严重侵蚀区内，并根据侵蚀强度的发展趋势和变化来调整。	

d) 泥石流动态要素、动力要素监测，应在选定的若干个断面上进行，观测断面至少设置2个。观测断面布设数量、距离视沟道地形、地质条件等确定，一般在流通区纵坡、横断面形态变化处、地质条件变化处，应尽可能设在两岸稳定、顺直的泥石流流通河床段。

6.5 监测频率

6.5.1 地质灾害治理工程施工安全监测应贯穿地质灾害治理工程施工的全过程。

6.5.2 滑坡、崩塌治理工程施工安全监测频率宜在综合考虑防治工程等级、灾害体特征、变形发展趋势、工程施工进度、环境条件变化等基础上确定，并结合实际情况调整。

a) 宏观地质巡查和水文气象监测宜每天1次。

b) 滑坡变形监测、应力应变监测应根据不同变形阶段确定监测频率。蠕动变形阶段，监测频率不低于每周1次；匀速变形阶段，监测频率不低于每周3次。加速变形阶段和破坏变形阶段即临滑阶段、降雨（雪）/水位等主要相关因素发生快速变化阶段及强烈施工扰动期应提高监测频率或实时监测。

c) 崩塌防治等级为一级，监测频率为8 h～24 h；防治等级为二级，监测频率为1 d～3 d；防治等级为三级，监测频率为3 d～7 d。

6.5.3 泥石流防治工程施工期水文监测应根据水文特征的变化宜每天1次或数小时1次直至连续跟踪监测。

6.5.4 下列情况下宜提高监测频率：

a) 监测数据变化较大、变形速率加快或灾害体出现险情时。

b) 冻胀、消融、雨季或汛期。

c) 治理工程施工可能对灾害体产生扰动时。

7 安全监测系统建设及竣工验收

7.1 一般规定

a) 为了确保监测施工工程的安全、顺利、保质保量完成，开工前应编制切实可行的施工组织设计。

b) 对于重要的分部分项工程应编制分部分项工程施工组织设计。

c) 施工组织设计应结合治理工程特性、监测系统布置原则、监测工程施工条件等编制。

d) 施工组织设计中，应积极采用和推广先进技术和先进工艺。

e） 仪器安装埋设前应按相关规程的规定进行率定或组装率定检验，检验合格后方可进行安装埋设。

7.2 监测工程施工组织设计

7.2.1 施工组织设计的编制应遵循以下原则：

a） 符合施工合同或招标文件中有关工程进度、质量、安全、环境保护、造价等方面的要求。

b） 依据监测系统布置方案和技术要求，坚持科学的施工程序和合理的施工顺序，采用流水施工和网络计划等方法，科学配置资源，合理布置现场，采取季节性施工措施，实现均衡施工，达到合理的经济技术指标。

c） 施工程序中应安排好治理工程和施工安全监测工程的进度计划，避免发生相互干扰、冲突，并确保施工安全监测工程能取得准确的初始状态值和事件与空间上连续的监测资料。

d） 施工进度应符合地质灾害治理工程总体进度要求。

e） 重要的分部分项工程应编制完整的监测工程施工技术方案，以保证监测工程施工严格遵循有关规程、规范，达到监测系统设计标准和要求。

7.2.2 施工组织设计应以下列内容作为编制依据：

a） 与监测工程有关的法律、法规和文件。

b） 国家现行有关标准和技术经济指标。

c） 监测工程所在地区行政主管部门的批准文件，建设单位对施工的要求。

d） 监测工程施工合同或招标投标文件。

e） 监测工程设计文件。

f） 监测工程施工范围内的现场条件，工程地质及水文地质、气象等自然条件。

g） 与监测工程有关的资源供应情况。

h） 施工企业的生产能力、机具设备状况、技术水平等。

7.2.3 施工组织设计应包括编制依据、工程概况、施工部署、施工进度计划、施工准备与资源配置计划、主要施工方法、施工现场平面布置及主要施工管理计划等基本内容。

7.2.4 施工组织设计应加强内部审核、监理审批等管理环节，实行动态管理，并符合下列规定：

a） 施工过程中，发生以下情况之一时，施工组织设计应及时进行修改或补充。

1） 治理工程设计或监测工程设计有重大修改。

2） 有关法律、法规、规范和标准实施、修订和废止。

3） 监测工程的主要施工方法有重大调整。

4） 主要施工资源配置有重大调整。

5） 施工环境有重大改变。

b） 经修改或补充的施工组织设计应重新审批后实施。

c） 监测工程施工前应进行施工组织设计逐级交底；施工过程中，应对施工组织设计的执行情况进行检查、分析并适时调整。

7.3 仪器设备的安装埋设施工

7.3.1 一般规定

a） 监测仪器设备安装埋设前，应检查、核对仪器设备清单、生产许可证、合格证、检验测试报告等资料文件，并提交监理审查，符合要求后交建设单位或管理单位归档保存。

b) 安装前应编写仪器设备的安装施工细则。

c) 施工前应准备好必要的施工机械设备、工具和材料，并完成配套的土建工程。

d) 应在现场对监测仪器设备做外观检查及初(起)始值测试，检查测试结果应记录存档。满足设计和规范要求的仪器设备方可安装埋设。

7.3.2 准备工作

a) 应做好技术准备工作，充分了解地质情况、设计意图、监测布置和技术要求等。同时对施工人员进行技术交底和培训，了解监测技术方法和技术标准，确保施工质量。

b) 根据设计文件的仪器参数及监理人批准的仪器型号提前订购相应的仪器、部件、零配件及材料。

c) 应根据放样点的精度要求、现场作业条件和仪器设备状况，选择合理的测量放样方法进行定位放样。

7.3.3 土建施工

仪器埋设、安装需根据不同的监测工程要求、施工工艺进行土建施工。仪器安装埋设的土建工程包括填筑、钻孔、开挖、整平、灌浆等。

7.3.4 仪器设备安装埋设

a) 安装埋设仪器设备。仪器的安装埋设应严格按照施工图和相关技术规程进行，在安装前后须进行跟踪检测并记录。

b) 观测电缆敷设。电缆敷设时，要严格按照设计书中所拟定的仪器与观测站的连接系统图、电缆连接敷设技术要求和走线程序进行施工。

c) 安装埋设记录。仪器安装埋设和电缆敷设应做好记录，绘制现场安装埋设草图。在仪器和电缆埋设后应及时绘制竣工图，填写考证表(参见附录F)，并编写技术报告。

7.3.5 安装后调试

仪器和电缆埋设后应进行调试，保证监测仪器正常运行的精度和监测设备的稳固性。

7.4 竣工验收

7.4.1 一般规定

a) 所有仪器设备按设计要求安装埋设完成后，施工单位应申请工程验收。

b) 申请工程验收时，施工单位应提交验收申请，并应附有下列资料：

  1) 仪器设备安装埋设工程工作报告。

  2) 所有仪器设备安装埋设的考证资料。

c) 验收前一周内，安装单位应进行所有项目和仪器的观测至少1次。

d) 对已安装的仪器设备进行现场检查，填写现场检查表。

7.4.2 质量检查

a) 由于监测仪器设备安装埋设、观测、维护等原因，造成工程质量不符合技术规程或合同规定的质量问题，导致监测仪器设备不能正常运行，均应认定为工程质量缺陷。

b) 质量缺陷发生后，监理工程师应做好记录，同时敦促承包人提出报告，为调查、处理提供依据。

c) 监测工程的一般质量缺陷，由监理工程师负责处理，重大质量缺陷或事故需报告业主。

7.4.3 分项工程验收

7.4.3.1 监测仪器安装埋设分项工程施工完毕，施工单位三级检查验收合格，填写《安全监测仪器安装埋设分项工程质量检查评定表》，并附检查、检测、观测资料，报监理工程师复查、核验。

7.4.3.2 一般监测分项工程检验由承包人质检部门组织进行，报监理工程师签证确认。

7.4.3.3 对于重要部位的隐蔽工程、关键部位和关键工序的监测分项工程，承包人在自检合格的基础上报监理工程师，监理工程师在复查的基础上实施分项工程验收。

7.4.3.4 监测仪器安装埋设分项工程应提交下列资料(但不限于)：

a) 土建各工序质量检查、检测资料。

b) 仪器检查、检测、检定、率定和标定资料。

c) 电缆、管线检查、检测资料。

d) 埋设考证表。

e) 初始观测值。

f) 土建及安装埋设施工记录。

g) 缺陷处理资料。

h) 调试过程、数据及异常分析。

7.4.3.5 监理工程师根据监测设计、施工方案、监理规划和实施细则等进行现场检测、复验和对施工资料进行核验，确认合格的，予以验收，并评定质量等级。

7.4.4 分部工程验收

分部工程验收应在所有分项工程完工，并经分项工程验收合格后进行。

分部工程验收应对工程是否达到合同文件和设计文件规定的标准予以明确，并按现有国家或行业标准评定工程质量，对遗留问题提出处理意见。

对于监测设施，可更换的监测仪器设备完好率达到 100 %，为合格；对于不可更换的监测仪器设备完好率在 90 %以上，为合格。

仪器(分部)工程验收时，监测仪器安装完好率可按可更换部位和不可更换部位控制。

验收过程中如发现重大问题，验收委员会(小组)可采取中止验收或部分验收等措施，并及时报上级主管部门。

7.4.5 自动监测网(系统)“联网”试运行要求及验收标准

如果采用自动监测，在完成安装调试和数据直传基础上，向项目建设单位提交调试报告和试运行申请，经项目建设单位书面确认，自动监测系统进入试运行期。试运行期应至少为期 30 d。因外界因素而非仪器自身故障造成运行中断的，待系统恢复正常后，重新启动试运行，试运行期以扣除外界故障导致的中断运行时间后累计。因监测仪器自身故障造成运行中断达 7 d 及以上，试运行期重新计算。在试运行期间，自动监测系统施工单位应提供监测仪器设备使用说明书，组织开展自动监测仪器设备和自动监测系统运行维护的相关技术培训工作。

试运行期满后，由负责项目建设的单位，组织对通过试运行的自动监测仪各项技术指标进行验收。由自动监测系统施工单位制定验收方案并具体实施；由行业专家见证验收测试过程，对验收结果进行审核并提出改进建议，可根据项目建设单位要求出具专家意见；由验收组织方完成验收报告，并报上级主管部门备案。

7.4.6 竣工移交

验收后施工单位应向建设(管理)单位移交所有监测设施、工程资料、文档报告等与工程有关的内容，并应将所有验收文件(四方验收单等)归档管理。

7.5 资料整编

7.5.1 整编资料按内容划分为以下四类：

a) 工程资料，包括设计、施工、完工、验收等方面资料。

b) 仪器资料，包括仪器型号、规格、技术参数、工作原理和使用说明，测点布置，仪器埋设原始记录和考证资料，仪器损坏、维修和改装情况，其他相关文字、图表资料。

c) 监测资料，包括人工巡视检查、观测原始记录、物理量计算成果及各种图表，有关的水文、地质、气象、环境及地震资料。

d) 相关资料，包括文件、批文、合同、咨询、事故及处理、仪器设备与资料管理等方面的文字及图表资料。

7.5.2 在收集有关资料的基础上，对整编时段内的各项监测物理量按时序进行列表统计和校对；绘制各监测物理量过程线图、能表示各监测物理量在时间和空间上的分布特征图，以及与有关因素的相关关系图。

8 监测数据采集与监测成果提交

8.1 一般规定

a) 所有监测仪器和设备应定期进行检验和校正。

b) 仪器设备安装完毕，工程验收后，应立即开展施工期监测。

c) 监测数据采集必须按照规定的监测项目、测量频率和时间进行。

8.2 监测数据采集

a) 当采取手动数据采集时，应详细检查数据并校正明显的错误，或对有问题的数据重新量测，以消除明显错误和明显误差。

b) 当采取自动数据采集时，数据在用计算机处理之前，应对数据进行筛选和检查，消除明显的错误。

c) 发现监测值异常时应及时复测或增加监测频次。

d) 现场监测或采集的数据应及时处理、分析，核对无误。

e) 应保留全部未经过任何涂改的原始记录(常用监测技术监测记录表参见附录 G)，观测与记录必须签名，并按期提交监测资料和原始数据。

8.3 监测资料整理分析

a) 做好各种监测数据记录，记录应准确、清晰、齐全，应对监测日期、监测条件等做必要说明。

b） 每次监测后应对原始记录的准确性、完整性及可靠性进行检查检验，并根据地质灾害治理工程施工期间监测值变化趋势及时做初步分析。
c） 宜建立监测资料数据库或信息管理系统。
d） 应整理各类监测资料及编制相应监测图件。
e） 应分析监测资料各监测物理量的大小、变化规律、趋势及效应量与原因量之间的关系和相关程度，利用监测数据建立数学模型，发现监测对象监测量变化规律。

8.4 监测报告编制与提交

a） 监测报告分为周报、月报、季报、年报、专报和总结报告等。
b） 监测报告应反映监测数据统计结果、单因素历时曲线、多因素关系曲线图等。对地质灾害体的稳定性及发展趋势进行综合分析评价。
c） 每个监测周期监测工作结束后，应编制相应的监测报告，内容主要包括：
   1） 监测工作的概况。包括任务来源，工作时间，测区概况，监测控制网及监测点布设情况，监测方法，监测仪器设备及人员构成，完成工作量等。
   2） 监测数据的分析。包括地质灾害体施工期间变形特征和发展趋势、稳定性分析，结论和建议等。
   3） 与监测有关的图件。包括监测控制网平面图，变形监测点点位平面图，变形监测点位移矢量图，变形监测点累计水平位移和垂直位移图，变形监测点地面位移-时间关系图，变形监测点相对位移及分布图等。
d） 提交方法及要求：监测报告应该按照项目建设单位和相关法规的要求及时提交电子版和纸质版报告，后面附原始监测数据。监测期出现重大变形时，应及时编写监测专报，报送相关部门。

8.5 资料归档及施工安全监测与效果监测的衔接和移交

完成监测报告编制后，应按档案管理相关规定及时归档。地质灾害治理工程施工安全监测期满后，根据防治工程要求，施工安全监测系统如需转入治理效果长期监测，施工安全监测单位需配合治理效果长期监测单位做好监测数据及报告的衔接和移交。

附 录 A
（规范性附录）
地质灾害治理工程等级划分

根据危害对象、受灾对象及其损失程度，将地质灾害防治工程划分为三级，见表A.1。工程等级的确定，必须同时满足表A.1中的危害对象、危害人数、可能的经济损失三项指标中的两项。因特殊情况需要进行等级增减，需要经过专门论证与批准。

表A.1 地质灾害防治工程分级

级别		Ⅰ	Ⅱ	Ⅲ
危害对象		县级和县级以上城市	主要集镇或大型工矿企业、重要桥梁、国道	一般居民点、一般工矿企业、省道
受灾对象与损失	危害人数/人	＞1 000	1 000～300	＜300
	可能的经济损失/万元	＞10 000	10 000～5 000	＜5 000

附　录　B
（资料性附录）
地质灾害治理工程施工安全监测设计书内容

B.1　地质灾害监测设计书一般应包括以下内容

B.1.1　序言

任务来源，监测目的和任务，工作起止时间，工作区地理位置、坐标范围或图幅编号，社会经济概况，以往工作程度。附插图：工作区交通位置图和工作程度图。

B.1.2　区域自然地理条件和地质环境条件

水文气象、地形地貌、地层岩性、地质构造、新构造运动与地震、水文地质条件、工程地质条件、环境地质和人类工程活动等。附插图：工作区综合地质图。

B.1.3　地质灾害概况及治理工程设计方案

地质环境、地质特征、形成机制、成灾条件、影响因素、稳定性分析评价与预测、危害性分析评估、治理工程设计方案与具体布置。

B.1.4　已有工作评述

前人工作研究程度、已完成的勘查工作量。

B.1.5　监测技术要求

1）　监测内容选择
2）　监测方法及精度确定
3）　监测仪器选择
4）　监测网布设与监测设施保护
5）　监测期和监测频率
6）　监测报警及异常情况下的监测措施
7）　监测数据处理与信息反馈
8）　监测人员的配备
9）　监测仪器设备及检定要求
10）　作业安全及其他管理制度

B.1.6　监测工程施工与仪器安装要求

B.1.7　经费预算

B.1.8　结语

B.2 设计书的附图、附表及附件要求

B.2.1 附图

1） 地质灾害治理工程施工安全监测平面布置图

2） 地质灾害治理工程施工安全监测剖面布置图

3） 钻孔施工设计图

B.2.2 附表

1） 地质灾害基本情况汇总表

2） 监测工程量汇总表

B.2.3 附件

调查报告或勘查报告、照片、航片、录像片等。

附　录　C
（资料性附录）
滑坡、崩塌常用监测内容及技术方法

<table>
<tr><th colspan="2">监测内容</th><th>主要监测方法</th><th>主要监测仪器</th><th>监测方法的特点</th><th>适用性评价</th></tr>
<tr><td rowspan="7">位移</td><td rowspan="4">地表</td><td>GNSS
全球定位测量</td><td>GNSS
接收仪</td><td>精度高、速度快、易操作、工作强度低、全天候、不受地形通视条件限制，但受周围建筑物遮挡及卫星接收个数影响</td><td>适用于滑坡体不同变形阶段地表三维位移监测，可作为应急连续观测</td></tr>
<tr><td>大地测量法</td><td>全站仪、经纬仪、水准仪</td><td>精度高、易操作、速度较快、工作强度较大、受地形通视条件限制</td><td>适用于滑坡体不同变形阶段地表三维位移监测，受地形通视和气候等条件限制</td></tr>
<tr><td>裂缝监测</td><td>位移计、游标卡尺、钢卷尺等</td><td>人工、自记测读，安装简单、精度较高、直观、测程可调、全天候，数据取得快且易处理，自记测读可实现远程遥控，人工测读工作强度较大、自记测读长期稳定性差</td><td>适用于崩塌体不同变形阶段地表裂缝张合、位错变化监测</td></tr>
<tr><td>地面倾斜</td><td>地面倾斜仪</td><td>人工测读，安装简单、精度较高、直观、测程大、测读工作强度较大</td><td>适用于岩体不同变形阶段地表倾斜变化监测</td></tr>
<tr><td rowspan="3">深部</td><td>测斜法</td><td>钻孔测斜仪（人工单向、双向和自动测斜仪）</td><td>精度高、易保护、资料可靠，可确定滑坡体深部变形部位及变形量，但建设成本高、量程有限</td><td>主要适用于滑坡体变形初期，测定滑坡体不同深度的变形特征及滑带位置</td></tr>
<tr><td>裂缝监测</td><td>多点位移计、井壁位移计</td><td>精度较高、易保护、资料可靠，但建设成本高，传感器易受地下水浸湿、锈蚀</td><td>一般用于竖井内多层堆积物之间和水平钻孔内多条裂缝的相对位移，主要用于初期变形阶段</td></tr>
<tr><td>TDR 监测</td><td>TDR 监测仪</td><td>直观、操作简单、易保护、可自动遥测，但建设成本高、无法确定位移量和方向</td><td>适用于滑坡体变形初期，滑坡治理后效果监测</td></tr>
<tr><td colspan="2" rowspan="3">应力</td><td>滑坡推力监测</td><td>钻孔光纤推力计</td><td>分布式监测、精度高、性能可靠、可自动遥测，但建设成本高</td><td>适用于所有滑坡体的各受力阶段的监测</td></tr>
<tr><td>抗滑桩抗力监测</td><td>压力盒</td><td>测量精度较高、易保护、测量方法简单、量测仪器便于携带，但仪器安装受抗滑桩施工影响、量程不可调</td><td>适用于滑坡体治理后效果监测</td></tr>
<tr><td>预应力锚索监测</td><td>锚索测力计</td><td>人工、自动测量，精度高、性能可靠、易保护、量测仪器便于携带，但仪器安装受锚索施工影响</td><td>适用于预应力治理的滑坡体，掌握预应力锚索的工作状况和加固效果</td></tr>
<tr><td colspan="2">地音监测</td><td>声发射监测</td><td>声发射仪</td><td>自动测量，多通道、可连续观测、直观，受供电及外界噪声干扰</td><td>适用于岩质滑坡体各变形阶段</td></tr>
<tr><td rowspan="5">水文气象</td><td rowspan="4">水文</td><td>地下水水位监测</td><td>水位自动记录仪</td><td rowspan="2">自动测量、精度高、可实现连续观测、性能可靠，但建设成本高</td><td rowspan="3">适用于所有受地下水影响的滑坡体的各变形阶段的监测</td></tr>
<tr><td>孔隙水压力监测</td><td>孔隙水压计</td></tr>
<tr><td>水质监测</td><td>取样室内试验</td><td>人工采取地下水样，室内分析，及时性差</td></tr>
<tr><td>库水位河流水位</td><td>水位标尺</td><td>主要为人工测读，直观、建设成本低，但精度低、不易保护</td><td>适用于受水库水位和河流水位影响的滑坡体的各变形阶段的监测</td></tr>
<tr><td>气象</td><td>雨量监测</td><td>雨量计</td><td>人工、自动测量，安装简单、精度高</td><td>适用于所有滑坡体的各变形阶段的监测</td></tr>
<tr><td colspan="2">宏观地质巡查</td><td colspan="2">专业人员现场巡查</td><td>定点巡查与全面查勘相结合，调查滑坡体宏观变形，捕捉滑坡体变形破坏前兆，为监测数据分析及预测预报提供依据</td><td>适用于所有滑坡体的各变形阶段的监测</td></tr>
</table>

附　录　D
（资料性附录）
泥石流常用监测技术

D.1　降雨（雪）量监测。各种类型雨量计、气象雷达。

D.2　泥石流流态、流速、泥位监测

泥石流流态：多条感应细线测量、红外线感应设备、超声波感应器、雷达传感器、激光传感器、地下声波、录音、摄像。

泥石流流速：多普勒流速仪、雷达测速仪，摄影/摄像。

泥石流泥位高度：多条感应细线测量（泥位高度检知线）、红外线感应设备、超声波感应器、雷达传感器、激光传感器、接触型泥石流警报传感器。

在泥石流沟道内同一竖直界面不同高度上布置多条感应细线，泥石流通过时，会破坏同高度的细线，并实时发出警报；在泥石流沟道内同一截面上的不同高度布置红外线感应设备，泥石流经过时，会阻断红外线光束，并实时发出警报；超声波感应器测量则是将感应器垂直悬挂在泥石流通道上方，实时测量泥石流表面到感应器的距离，从而换算成泥石流的深度，得到泥石流流通过程线。超声波测量是目前最常用的测量方法；雷达测量安置方法与超声波传感器测量基本相同。雷达测量的缺点是得到泥石流流过曲线较光滑，对于泥石流研究来说不够真实，但对于泥石流预警较为可行。

多普勒测速仪测量是对泥石流上的某物体（龙头，粗糙的颗粒物或者浮在表面上的一块木头）发射已知频率的无线电波，通过与反射电波频率大小和角度的对比，算出泥石流的速率。

超声波感应器、红外探测器、地声测听器等还可测量、估算泥石流龙头的推移速率。由于泥石流具有阵流前行的特点，因此每一次阵流可以通过超声波定位识别，根据设立两个站点同步测量的深度，比对识别找出每个阵流波前经历这两个站点所花费的时间。两个站点之间的距离已知，故而可以得到平均阵流龙头的推移速率。如果无法找到阵流的龙头，如在流通区上游地段，龙头尚未形成，因此无法测量龙头移动速率。

D.3　泥石流地声监测

泥石流地声监测是将泥石流看作一个震源，它摩擦、撞击、侵蚀沟床及沟岸而产生振动并沿沟床方向传播，形成泥石流地声。泥石流过程引起的地面震动常用地震仪或者检波器监测，地震仪或检波器可以摆放在相对安全的地方测量，从而保障仪器连续安全的运行。

地声传感器监测。泥石流地声传感器应安置于基岩岸壁。为了避免环境干扰，埋深1～2 m，加盖域填料并封闭。此外，对于泥石流地声还可以采用安装在地下的麦克风设备进行录音，也是掌握泥石流过程的途径之一，为泥石流报警提供重要依据。

接触型泥石流警报传感器需要预先在泥石流沟谷中安装，通常安装在泥石流断面侧壁的盆形凹槽里。监测传感器被泥石流体淹没之前的高电位压，以及传感器被泥石流体淹没后的变压，根据两个电位之间的显著差异，来判别传感器是否被淹没，从而确定泥石流是否发生及其发生的规模。

附 录 E
（资料性附录）
滑坡、崩塌宏观地质现象巡查内容

E.1 灾害体有无裂缝出现，灾害体局部有无坍塌、鼓胀、剪出，建（构）筑物（房屋、地下硐室）有无开裂、沉陷或地面破坏等。

1） 裂缝出现的位置、规模、组合形态、延伸方向、错距及发生时间，测量其产生部位、变形量。

2） 灾害体局部岩、土体的鼓胀、坍塌位置、范围、面积及形态特征、发生及延伸时间，以及建筑物或农田、道路等的破坏等。

3） 地面局部沉降位置、形态、面积、幅度及发生、延续时间。

4） 建筑物变形、裂缝的变化及发生持续时间。

5） 地下硐室变形和破坏情况及发生持续时间。

6） 沟谷、路堑边坡的岩土体结构面顺坡滑动变化情况。

7） 崩塌的落石频度与落石量的变化情况。

E.2 有无异常地声。

E.3 灾害体上动物（鸡、狗、牛、羊等）有无异常活动现象。

E.4 地表水和地下水是否出现异常。如地表水、地下水水位突变（上升或下降）或水量突变（增大或减小），水质突然浑浊，泉水突然消失或者突然出现新泉等。

附 录 F
（资料性附录）
常用监测设施埋设考证表

F.1 表面变形监测点埋设考证表

工程名称： 工作基点编号：
引测基准点型式： 编号： 高程：

型式及规格		桩号/m	
埋设部位		高程/m	
埋设日期		测定日期	
基础情况			
埋设示意图及说明			
埋设人员	埋设人(签字)		技术负责人(签字)	
	填表人(签字)		监理人(签字)	

F.2 多点位移计埋设考证表

工程名称：　　　　　　　　　　　　　　观测点编号：

<table>
<tr><td rowspan="4">钻孔
位置</td><td>观测断面</td><td></td><td rowspan="4">钻孔
参数</td><td>孔径/mm</td><td></td></tr>
<tr><td rowspan="3">孔口坐标/m</td><td>N=</td><td>孔深/m</td><td></td></tr>
<tr><td>E=</td><td>方位角/(°)</td><td></td></tr>
<tr><td>Z=</td><td>倾角/(°)</td><td></td></tr>
<tr><td rowspan="5">位
移
传
感
器</td><td>型号</td><td></td><td>测点锚头编号</td><td colspan="2">测点锚头埋置深度/m</td></tr>
<tr><td>量程/mm</td><td></td><td>1</td><td colspan="2"></td></tr>
<tr><td>分辨率</td><td></td><td>2</td><td colspan="2"></td></tr>
<tr><td>精度</td><td></td><td>3</td><td colspan="2"></td></tr>
<tr><td>外形尺寸</td><td></td><td>4</td><td colspan="2"></td></tr>
<tr><td rowspan="3">电
缆</td><td>型号</td><td></td><td>芯数</td><td colspan="2"></td></tr>
<tr><td>接头型式</td><td></td><td>每处接头位置/m</td><td colspan="2"></td></tr>
<tr><td>每段接线长度/m</td><td></td><td>埋置深度/m</td><td colspan="2"></td></tr>
<tr><td rowspan="4">灌
浆
材
料</td><td>水泥品种</td><td></td><td>灌浆压力/MPa</td><td colspan="2"></td></tr>
<tr><td>水灰比</td><td></td><td>埋设日期</td><td colspan="2"></td></tr>
<tr><td>灰砂比</td><td></td><td>天气</td><td colspan="2"></td></tr>
<tr><td>外加剂</td><td></td><td>气温/℃</td><td colspan="2"></td></tr>
<tr><td>埋
设
示
意
图
及
说
明</td><td colspan="5"></td></tr>
<tr><td rowspan="2">埋设
人员</td><td>埋设人(签字)</td><td></td><td>技术负责人(签字)</td><td colspan="2"></td></tr>
<tr><td>填表人(签字)</td><td></td><td>监理人(签字)</td><td colspan="2"></td></tr>
</table>

F.3 测斜管埋设考证表

工程名称：　　　　　　　　　　　　　　观测点编号：

<table>
<tr><td rowspan="6">钻孔位置</td><td>观测断面</td><td></td><td rowspan="3">钻孔参数</td><td>孔径/mm</td><td></td><td rowspan="6">测斜管</td><td>管材</td><td></td></tr>
<tr><td rowspan="5">孔口坐标/m</td><td rowspan="5">$N=$
$E=$
$Z=$</td><td>孔深/m</td><td></td><td>内径/mm</td><td></td></tr>
<tr><td>孔斜/(°)</td><td></td><td>外径/mm</td><td></td></tr>
<tr><td rowspan="3">灌浆材料</td><td>水泥品种</td><td></td><td>扭转角/(°)</td><td></td></tr>
<tr><td>水灰比</td><td></td><td>导槽方向/(°)</td><td></td></tr>
<tr><td>外加剂</td><td></td><td>总长/m</td><td></td></tr>
<tr><td>埋设日期</td><td colspan="2"></td><td colspan="2">天气</td><td colspan="2"></td><td>气温/℃</td><td></td></tr>
<tr><td>埋设示意图及说明</td><td colspan="8"></td></tr>
<tr><td>埋设期</td><td colspan="8">自　　年　　月　　日至　　年　　月　　日</td></tr>
<tr><td rowspan="2">埋设人员</td><td colspan="2">埋设人(签字)</td><td colspan="2"></td><td colspan="2">技术负责人(签字)</td><td colspan="2"></td></tr>
<tr><td colspan="2">填表人(签字)</td><td colspan="2"></td><td colspan="2">监理人(签字)</td><td colspan="2"></td></tr>
</table>

F.4 水位孔测管埋设考证表

工程名称：　　　　　　　　　　　　　　　监测点编号：

<table>
<tr><td rowspan="4">钻孔位置</td><td>监测断面</td><td></td><td rowspan="4">钻孔参数</td><td>孔径/mm</td><td colspan="2"></td></tr>
<tr><td rowspan="3">孔口坐标/m</td><td>N=</td><td>孔深/m</td><td colspan="2"></td></tr>
<tr><td>E=</td><td>孔斜/(°)</td><td colspan="2"></td></tr>
<tr><td>Z=</td><td>钻入基岩深度/m</td><td colspan="2"></td></tr>
<tr><td rowspan="2">测压管</td><td>管材</td><td></td><td>内径/mm</td><td></td><td>外径/mm</td><td></td></tr>
<tr><td>管长/m</td><td></td><td>透水花管段长度/m</td><td></td><td></td><td></td></tr>
<tr><td colspan="2">回填透水材料及其底、顶高程/m</td><td colspan="5"></td></tr>
<tr><td colspan="2">回填封孔材料及其底、顶高程/m</td><td colspan="5"></td></tr>
<tr><td>埋设示意图及说明</td><td colspan="6"></td></tr>
<tr><td>埋设期</td><td colspan="6">自　　年　　月　　日至　　年　　月　　日</td></tr>
<tr><td rowspan="2">埋设人员</td><td>埋设人(签字)</td><td colspan="2"></td><td>技术负责人(签字)</td><td colspan="2"></td></tr>
<tr><td>填表人(签字)</td><td colspan="2"></td><td>监理工程师(签字)</td><td colspan="2"></td></tr>
</table>

F.5 渗压计埋设考证表

工程名称： 观测点编号：

<table>
<tr><td>仪器型号</td><td></td><td>生产厂家</td><td></td><td>量程/MPa</td><td></td></tr>
<tr><td>出厂接线长/m</td><td></td><td>外形尺寸</td><td colspan="3"></td></tr>
<tr><td rowspan="2">埋设位置</td><td>观测断面</td><td></td><td>桩号/m</td><td colspan="2"></td></tr>
<tr><td>埋设高程/m</td><td colspan="4"></td></tr>
<tr><td rowspan="3">电缆</td><td>型号</td><td></td><td>芯数</td><td colspan="2"></td></tr>
<tr><td>接头型式</td><td></td><td>每处接头位置/m</td><td colspan="2"></td></tr>
<tr><td>每段接线长度/m</td><td></td><td>埋置深度/m</td><td colspan="2"></td></tr>
<tr><td>埋设日期</td><td></td><td>天气</td><td></td><td>气温/℃</td><td></td></tr>
<tr><td colspan="2">埋入前初频/Hz</td><td></td><td>埋入后频率/Hz</td><td colspan="2"></td></tr>
<tr><td colspan="2">传感器系数 K/MPa·Hz^{-2}</td><td></td><td>仪器修正值/MPa</td><td colspan="2"></td></tr>
<tr><td>回填料</td><td colspan="5"></td></tr>
<tr><td>埋设示意图及说明</td><td colspan="5"></td></tr>
<tr><td rowspan="2">埋设人员</td><td>埋设人(签字)</td><td></td><td>技术负责人(签字)</td><td colspan="2"></td></tr>
<tr><td>填表人(签字)</td><td></td><td>监理人(签字)</td><td colspan="2"></td></tr>
</table>

F.6 量水堰安装考证表

工程名称：　　　　　　　　　　　　　　　　观测点编号：

<table>
<tr><td rowspan="2">埋设位置</td><td>所在排水洞编号</td><td></td><td rowspan="6">堰体结构</td><td>堰型</td><td></td></tr>
<tr><td>高程/m</td><td></td><td>堰口高程/m</td><td></td></tr>
<tr><td rowspan="3">水位测针</td><td>型式</td><td></td><td>堰口宽度/mm</td><td></td></tr>
<tr><td>位置/m</td><td></td><td>堰口至堰槽底距离/mm</td><td></td></tr>
<tr><td rowspan="2">零点高程/m</td><td rowspan="2"></td><td rowspan="2">堰槽尺寸：长×高×深/(m×m×m)</td><td rowspan="2"></td></tr>
<tr></tr>
<tr><td colspan="2">流量计算公式</td><td colspan="2"></td><td>安装日期</td><td></td></tr>
<tr><td>埋设示意图及说明</td><td colspan="5"></td></tr>
<tr><td rowspan="2">埋设人员</td><td>埋设人(签字)</td><td colspan="2"></td><td>技术负责人(签字)</td><td></td></tr>
<tr><td>填表人(签字)</td><td colspan="2"></td><td>监理人(签字)</td><td></td></tr>
</table>

附　录　G
（资料性附录）
常用监测技术监测记录表

G.1　巡视检查记录表

日期：________年________月________日　　　　　天气：________

检查部位	检查项目	现象描述
地质灾害	开挖、支护情况	
	裂缝	
	地下水	
	监测设备	
其他		
结论		

制表人：__________　　　　　　　　　　负责人：__________

巡视检查人员：________________

G.2 多点位移计观测记录、计算表

工程名称：　　　　　　　　观测点编号：　　　　　　　　仪器型号：

传感器系数 $K_1=$　　　　　$K_2=$　　　　　$K_3=$　　　　　$K_4=$

测点深度	C_1			C_2			C_3			C_4			备注
	观测值				计算值								
初始读数					相对位移				绝对位移				
观测时间	C_1	C_2	C_3	C_4	C_1	C_2	C_3	C_4	C_1	C_2	C_3	C_4	

观测：__________　　　　　　　计算：__________　　　　　　　校核：__________

G.3 水位孔测管观测记录、计算表

工程名称：__________ 观测年份：__________ 测压管编号：__________

管口高程 h_0 = __________ m

观测日期			上游水位/m	下游水位/m	管口至管内水面距离/m			测压管水位/m	备注
月	日	时			一次	二次	平均		
					(1)	(2)	(3)=[(1)+(2)]/2	(4)=h_0−(3)	

观测：__________ 计算：__________ 校核：__________

G.4 渗压计观测记录、计算表

工程名称：__________ 观测年份：__________ 观测点编号：__________

初频 f_0 =__________ Hz 测点高程：__________ m

K =________ kPa/Hz^2 $U=K(f_0^2-f_i^2)$

观测日期			上游水位/m	下游水位/m	测读频率 f_i /Hz	孔隙水压力 U /kPa	孔隙水压力水头/m	备注
月	日	时						

观测：__________ 计算：__________ 校核：__________

G.5 量水堰观测记录、计算表

工程名称：__________ 观测年份：__________ 量水堰编号：__________

观测时间		水位/m		堰上水头/mm	实测流量 Q_t/L·s^{-1}	水温/℃	标准流量 Q_T/L·s^{-1}	透明度/cm	近期气象情况		备注
月	日	上游	下游						气温/℃	降雨(雪)量/mm	

观测：__________ 计算：__________ 校核：__________